LA TEORIA DELL'EVOLUZIONE DI DARWIN

INFORMAZIONI CHIAVE

- **Quando:** 24 novembre 1859

- **Dove:** Londra

- **Il contesto:** Il dibattito scientifico sull'origine delle specie nel XIX secolo

- **Collaboratori:**

  - Charles Darwin, naturalista britannico (1809-1882)

  - Alfred Russel Wallace, viaggiatore e naturalista britannico (1823-1913)

- **Impatto:**

  - Nuova concezione dell'origine delle specie nella storia naturale

  - La creazione del darwinismo

Il 24 novembre 1859 apparve per la prima volta il libro *On the Origin of Species by Means of Natural Selection, or the Preservation of Favoured Races in the Struggle for Life*. Il libro, più volte ristampato e tradotto in molte lingue, sconvolse l'opinione pubblica del XIX secolo. Il suo autore, Charles Darwin, affermava che tutte le specie che popolano la Terra sono il risultato di una lenta evoluzione e che continuano a evolversi in una disperata

LA TEORIA DELL'EVOLUZIONE DI DARWIN

L'origine delle specie

50MINUTES.com

LA TEORIA DELL'EVOLUZIONE DI DARWIN

L'origine delle specie

scritto da Romain Parmentier
tradotto par Sara Rossi

50MINUTES.com

lotta per la sopravvivenza. Ma queste specie non sono forse esseri immutabili, che vivono in una natura generosa secondo la volontà di Dio? Il divario tra queste due idee è impressionante.

Charles Darwin impiegò molti anni per trascrivere i suoi pensieri e la sua teoria. Affascinato dalle scienze naturali, fu soprattutto il viaggio come naturalista a bordo del *Beagle* a gettare le basi delle sue idee rivoluzionarie. Dopo la partenza nel dicembre 1831, la nave tornò in Inghilterra nell'ottobre 1836. Durante questi cinque anni, il giovane scienziato ebbe l'opportunità di raccogliere e studiare una moltitudine di specie animali e vegetali. Inoltre, fece una serie di esperienze che cambiarono per sempre la sua visione della natura.

Al suo ritorno Charles Darwin raccolse i suoi pensieri. Nel 1839 giunse alla conclusione che le specie subiscono cambiamenti, consentendo un'evoluzione in base alla selezione naturale nella lotta per la sopravvivenza. Divorato dall'angoscia di dover affrontare le conseguenze che un tale sconvolgimento scientifico avrebbe potuto causare, Darwin impiegò vent'anni per completare il suo lavoro, cercando di fornire risposte a coloro che lo avrebbero contestato e segnando per sempre la storia del mondo.

CONTESTO POLITICO, ECONOMICO E SOCIALE

GRAN BRETAGNA IN TUTTO IL MONDO

Il XIX secolo è stato senza dubbio l'epoca della Gran Bretagna. Il Paese che ha visto nascere Charles Darwin era infatti al suo apice. Sebbene la sua ascesa al potere si sia sviluppata per molti decenni, ha subito un'accelerazione soprattutto tra la fine del XVIII e il XIX secolo. La Gran Bretagna è stata la prima a entrare nella rivoluzione industriale del ferro, del carbone e della macchina a vapore, e con questo ha avuto l'opportunità di superare tutte le altre nazioni. L'industria diede un grande impulso all'economia britannica e la Gran Bretagna cominciò ad esportare sempre più beni, fino a diventare la più grande economia del mondo.

Un altro fattore che segna l'importanza della Gran Bretagna del XIX secolo è la rilevanza dei suoi territori. Alla fine del secolo precedente, quando il Paese perse le colonie americane in seguito alla Guerra d'Indipendenza (1775-1783), possedeva ancora il Canada e molti territori nei Caraibi. Rafforzando la potenza della sua marina, la Gran Bretagna continuò inesorabilmente le sue conquiste territoriali. Numerose spedizioni le permisero di prendere possesso dell'Australia, della Nuova Zelanda e di molte isole del Pacifico. Inoltre, l'India, tanto ambita da tutti i Paesi europei, fu gradualmente conquistata dagli inglesi tra il 1757 e il 1858, quando il territorio passò definitivamente sotto l'autorità della Corona. Infine, l'Africa fu oggetto di una feroce lotta tra le potenze europee nella seconda metà del XIX secolo. Fu qui che la Gran Bretagna si ritagliò un vero e proprio impero, con colonie che si estendevano dal Cairo a Città del Capo.

Il controllo dei mari da parte della Gran Bretagna deriva anche dalle sue vittorie sui rivali europei, a cominciare dalla Francia. Dopo le guerre della Rivoluzione francese e le guerre napoleoniche (1793-1815), gli inglesi eliminarono definitivamente i concorrenti francesi e spagnoli, trasformando il Paese nella prima potenza marittima. Il Trattato di Vienna del 1815 concesse alla Gran Bretagna anche una serie di basi fortificate come Gibilterra, Freetown (Sierra Leone), Sant'Elena, Città del Capo, Mauritius, Ceylon e Malta, che da quel momento in poi servirono a garantire le comunicazioni tra le colonie e la metropoli.

IL SECOLO DELLA SCIENZA

Ereditato dall'Illuminismo, il cui obiettivo era combattere l'oscurantismo, l'entusiasmo per la ricerca scientifica continuò e si accelerò in un XIX secolo romantico e al tempo stesso positivista.

Sulla base del lavoro del padre della chimica moderna Lavoisier (1743-1794), a cui si deve il primo isolamento degli elementi chimici, nel XIX secolo i suoi successori scoprirono quasi tutti gli elementi. Nel 1869, il chimico russo Mendeleev (1834-1907) li classificò in base al loro peso atomico all'interno della sua famosa tavola periodica.

Il campo dell'elettricità conobbe il suo primo successo nel 1800 con l'invenzione della pila da parte di Alessandro Volta (fisico italiano, 1745-1827). Da questa invenzione derivarono molte altre scoperte, come il principio dell'elettrolisi rivelato da Anthony Carlisle (fisiologo britannico, 1768-1840) e l'elettromagnetismo scoperto da André Marie Ampere (fisico francese, 1775-1836) e Michael Faraday (chimico e fisico britannico, 1791-1867).

In medicina, l'anestesia cominciò ad essere più ampiamente utilizzata nel 1844 grazie all'etere. I progressi proseguirono anche nel campo degli antibiotici e dei vaccini, in particolare con il lavoro di Louis Pasteur (chimico e biologo francese, 1822-1895).

Questa sete di conoscenza spinse anche gli intellettuali europei a esplorare le diverse regioni del mondo per capirne il funzionamento. Queste grandi spedizioni scientifiche comprendevano cartografi, che si occupavano di migliorare continuamente le mappe di aree remote, astrologi che, attraverso le loro osservazioni, ampliavano la conoscenza dell'universo, ma anche molti naturalisti che raccoglievano e scoprivano continuamente specie animali e vegetali. L'obiettivo primario non era più tanto la scoperta di nuovi territori, ma l'approfondimento della comprensione del mondo e di tutto ciò che lo circondava.

PRIMA DEL DARWINISMO: FISSISMO E TRASFORMISMO

Fino all'inizio del XIX secolo un'idea dominava su tutte: il creazionismo. Seguendo i precetti biblici della Genesi tutte le specie erano considerate immutabili, essendo emerse spontaneamente e indipendentemente l'una dall'altra secondo la volontà di Dio. Inoltre, la scala temporale geologica dell'epoca era molto diversa da quella che conosciamo oggi. Al tempo la creazione della Terra veniva fatta risalire a domenica 23 ottobre 4004 a.C., il che non avrebbe permesso la teoria dell'evoluzione come la conosciamo oggi, dato che si trattava di un periodo così breve. Questa tendenza profondamente religiosa fu trasmessa al mondo scientifico dal fissismo, secondo il quale ogni specie ha attraversato le epoche senza cambiare, o almeno senza subire cambiamenti significativi. Il fissismo acquisì importanza nel XVIII secolo con il lavoro di Carl Linnaeus (naturalista e medico svedese, 1707-1778), che ideò un sistema di classificazione delle specie assegnando a ogni individuo un nome latino, un genere e una specie. Il sistema, utilizzato ancora oggi, era considerato fisso e immutabile e rifletteva la divisione originale voluta dal Creatore.

 ## UN CALCOLO A TEMPO

La data della creazione del mondo (domenica 23 ottobre 4004 a.C.) fu calcolata nel XVII secolo dall'arcivescovo irlandese James Ussher (1581-1656). Egli ne stabilì la cronologia basandosi sulla Bibbia, che racconta l'intera linea maschile da Adamo, il primo uomo, a Salomone (re di Israele, 970-931 a.C.), considerando l'età menzionata di ogni discendente. Venne poi fatto il collegamento con la cronologia dei re d'Israele e con gli eventi perfettamente databili che si verificarono in quel periodo in altre civiltà, come quella romana. Questo conto alla rovescia portò infine all'anno 4004 a.C. Il mese e l'anno furono quindi determinati in base all'inizio dell'anno ebraico, che per quell'anno era il 23 ottobre. Anche il giorno della domenica fu scelto secondo la tradizione ebraica. Secondo la Genesi, Dio creò il mondo in sei giorni e si riposò il settimo giorno, che per gli ebrei corrisponde al sabato, lo Shabbat. L'inizio della creazione fu quindi una domenica, il primo giorno della settimana ebraica.

All'inizio del XIX secolo, fu il naturalista francese Georges Cuvier (1769-1832) a incarnare la tendenza fissista. Paradossalmente, fu uno dei fondatori scientifici delle due discipline su cui si basarono le teorie evoluzionistiche qualche decennio più tardi, ovvero la paleontologia (lo studio degli esseri viventi a partire dai fossili) e l'anatomia comparata (studi di parentela basati sull'anatomia). Tuttavia, nonostante la scoperta di centinaia di fossili, Georges Cuvier si pose come difensore del fissismo, ritenendo che le specie fossilizzate non avessero alcun legame con quelle del suo tempo. Riteneva che alcune fossero scomparse e altre fossero state create in modo del tutto indipendente. A sostegno della sua ipotesi utilizzava una teoria che invocava grandi cataclismi, l'ultimo dei quali era il diluvio superato dall'arca di Noè.

Anche se il fissismo era dominante, in quel periodo divenne sempre più significativa un'altra tendenza scientifica risalente all'antichità : il trasformismo. A differenza dei fissisti, i trasformisti ritenevano che le specie fossero cambiate nel tempo in risposta a determinate circostanze. Diffuso dai grandi naturalisti dell'Illuminismo, come Georges Louis Leclerc de Buffon (1707-1788), il trasformismo vide crescere la sua influenza con Jean-Baptiste Lamarck (naturalista francese, 1744-1829). Per quest'ultimo, le specie subiscono cambiamenti in una progressione costante verso una maggiore complessità e progresso. Lamarck elaborò persino una legge – oggi ritenuta obsoleta – sull'ereditarietà dei caratteri, affermando che la trasformazione di un organo si trasmette di generazione in generazione, cambiando la specie. L'esempio più noto a sostegno della sua affermazione è quello della giraffa che, costretta a nutrirsi di foglie d'albero, ha allungato gradualmente il collo. La trasformazione divenne quindi ereditaria. Sebbene la genetica del XX secolo abbia dimostrato che le trasformazioni e le mutazioni delle specie sono molto più complesse, Jean-Baptiste Lamarck rimane comunque un precursore della teoria dell'evoluzione.

BIOGRAFIE

CHARLES DARWIN

Naturalista e fondatore della teoria dell'evoluzione, Charles Darwin nacque il 12 febbraio 1809 a Shrewsbury (Inghilterra) in una famiglia ricca e istruita. I suoi nonni erano il medico, botanico, zoologo e poeta Erasmus Darwin (1731-1802) e il famoso ceramista Josiah Wedgwood (1730-1795), mentre suo padre, Robert Waring Darwin (1766-1848), era medico. Nonostante queste eccellenti carriere familiari, Charles Darwin aveva uno scarso interesse per la scuola, atteggiamento che si rifletteva nei suoi voti. Tuttavia, era appassionato di natura e iniziò a raccogliere piante e insetti fin da giovane.

Nel 1825, all'età di 16 anni, il padre decise di mandarlo all'Università di Edimburgo per studiare medicina. Ma questi studi annoiano e addirittura disgustano il giovane, che li abbandona due anni dopo. Tuttavia, fu lì che ricevette le prime lezioni di Storia Naturale, che confermarono la sua passione per la botanica e la zoologia. Poiché al giovane Darwin sembrava mancare una vera vocazione, il padre gli suggerì di diventare pastore, ma questa posizione richiedeva il conseguimento di un diploma. Charles Darwin iniziò tre anni di studi a Cambridge, senza molto entusiasmo, ma con l'opportunità di seguire corsi di botanica. In questo periodo fece amicizia con il professor John Henslow (botanico e geologo britannico, 1796-1861).

Nel 1831 ottenne finalmente il Bachelor of Arts e, su consiglio del suo professore, poco dopo partecipò a una spedizione con Adam Sedgwick (1785-1873) nel Galles settentrionale. Questa esperienza perfezionò la formazione naturalistica di Charles Darwin che, oltre alla botanica e alla zoologia, conosceva ormai anche la geologia.

Una volta terminata l'università non volle diventare pastore. Egli sognava invece l'avventura e il viaggio, come i grandi naturalisti del suo tempo. Ancora una volta, John Henslow consigliò il giovane e gli suggerì di unirsi alla spedizione dell'HMS *Beagle* come naturalista, arrivando a inviare una lettera di raccomandazione al capitano della nave, Robert FitzRoy (1805-1865). Charles Darwin fu finalmente scelto e salì a bordo della nave nel dicembre 1831, dopo essere riuscito a ottenere l'approvazione del padre che non voleva. Sebbene il viaggio fosse stato programmato per una durata di due anni, furono necessari cinque anni perché il *Beagle* potesse compiere la sua missione. Questo viaggio fu decisivo per Darwin che, attraverso l'osservazione, la raccolta e l'analisi di tutte le specie di piante, animali e minerali che trovò, iniziò a formulare la teoria che lo avrebbe poi reso famoso.

Tornato in Inghilterra, si rese conto di essere diventato noto negli ambienti scientifici. John Henslow si era infatti preoccupato di pubblicare la corrispondenza di viaggio del giovane naturalista. Grazie a questo sostegno, Charles Darwin intravide la possibilità di guadagnarsi da vivere con le sue ricerche scientifiche e abbandonò definitivamente la carriera di ecclesiastico. Nel 1839 si sposò, entrò nella Royal Society e pubblicò il suo diario di viaggio dal *Beagle*, che includeva una teoria sulla formazione degli atolli.

Nel 1858, un altro naturalista di nome Alfred Russel Wallace gli inviò il suo lavoro su una teoria dell'evoluzione simile alla sua. Sotto la pressione dei suoi amici, Darwin decise finalmente di pubblicare il suo lavoro in modo da superare Wallace. Il 24 novembre 1859 uscì nelle librerie il libro *On the Origin of Species by Means of Natural Selection, or the Preservation of Favoured Races in the Struggle for Life*. Il successo fu immediato.

In seguito a questa pubblicazione, l'intero campo della biologia fu messo a soqquadro e si svolsero intensi dibattiti all'interno della comunità scientifica. Tuttavia Charles Darwin, lontano dalle polemiche, continuò a dedicarsi alle sue ricerche, pubblicando numerosi altri scritti e affinando la sua teoria. Morì il 19 aprile 1882 a Down, nel Kent.

ALFRED RUSSEL WALLACE

Alfred Russel Wallace è stato un naturalista nato l'8 gennaio a Usk (Galles). Affascinato dalle scienze naturali, dal 1848 al 1852 intraprese un viaggio in Sud America dove, come altri naturalisti, raccolse, osservò ed esplorò ogni tipo di specie. Nel 1854 partì nuovamente per l'arcipelago malese e si stabilì principalmente nel Borneo.

Seguendo le sue osservazioni, come Charles Darwin, giunse presto alla conclusione che le specie animali e vegetali sono il risultato di una lunga evoluzione, di cui la selezione naturale è la forza trainante. Desideroso di confrontarsi con le sue idee, nel 1858 inviò a Darwin la sua opera *On the Tendency of Varieties to Depart Indefinitely from Original Type*. Vedendo quanto fosse avanzato il lavoro di Alfred Wallace, Darwin decise di pubblicare la propria teoria il prima possibile, spinto dagli amici. Pur riconoscendo la precedenza del lavoro di Charles Darwin, Alfred Wallace continuò a servire la teoria dell'evoluzione per tutta la vita.

Egli morì il 7 novembre 1913 a Broadstone (Inghilterra).

LA TEORIA DELL'EVOLUZIONE

UN VIAGGIO A BORDO DEL *BEAGLE*

Charles Darwin aveva appena terminato gli studi quando gli fu offerta la possibilità di partecipare a una spedizione scientifica dell'Ammiragliato britannico sul *Beagle*. Comandata dal capitano Robert FitzRoy, la missione aveva l'obiettivo di continuare la mappatura della Patagonia e della Terra del Fuoco, iniziata nel 1826, e poi di condurre indagini sulle coste del Cile, del Perù e di alcune isole del Pacifico.

Si imbarcò sul *Beagle* e partì mercoledì 27 dicembre 1831, per un periodo di cinque anni. All'età di 22 anni, il naturalista affermò in seguito che "il viaggio del Beagle [fu] di gran lunga l'evento più importante della [sua] vita e... determinò la [sua] intera carriera" (Darwin, 2002).

Nonostante il mal di mare, il giovane naturalista si godette la sua missione sul *Beagle*. Il comandante gli permise di effettuare lunghe escursioni a terra per poter esplorare, raccogliere, studiare e naturalizzare tutte le specie che aveva a disposizione. Dopo diverse soste e una lunga traversata atlantica, la nave arrivò nella Baia di Rio il 4 aprile 1832. Lì fu prevista una sosta di due mesi, che diede a Darwin la piena libertà di avventurarsi nella foresta pluviale.

Affascinato dall'incredibile diversità della natura, il giovane fu anche catturato dal caos della foresta, dove la vita si affianca alla morte e alla decadenza, e dalla feroce lotta tra le specie per cercare di sopravvivere. Questo spettacolo era nuovo per lui. Fino a quel momento tutti consideravano la foresta pluviale come un magnifico giardino dell'Eden, dove la natura era buona in accordo con la volontà divina. Ma lì il naturalista scoprì il contrario. La sopravvivenza regolava il comportamento degli individui in quell'ambiente ostile. Darwin iniziò un'instancabile indagine generale sulle condizioni di vita delle specie e sulle connessioni tra di esse.

IL MOMENTO DELLE DOMANDE

Il *Beagle* riprese il viaggio il 5 luglio e arrivò a Bahia Blanca (a sud di Buenos Aires) il 7 settembre. Durante un'escursione sul campo, Charles Darwin scoprì delle ossa fossili. Sebbene ne avesse già viste alcune, questa fu la prima occasione per esaminarle nel loro luogo di riposo naturale. Notò poi che le ossa erano posizionate in diversi strati geologici, a dimostrazione di un sollevamento del suolo. Tuttavia, la sua attenzione rimase concentrata sui resti del mammifero gigante, che sorprendentemente presentava somiglianze con altre specie ancora in vita, mentre i precetti di Georges Cuvier affermavano il contrario. Questo mammifero, a cui fu dato il nome di Megatherium, era in realtà un bradipo gigante estinto da 11000 anni.

Questa scoperta affascinò Charles Darwin e alimentò i suoi pensieri. Esisteva un legame tra le specie estinte e quelle viventi? Le specie odierne sono il risultato di una trasformazione delle specie più antiche? Per il naturalista era troppo presto per rispondere a queste domande. Tuttavia, le sue scoperte e le sue collezioni, sempre più numerose e che spedì in Inghilterra non appena se ne presentò l'occasione, cambiarono tutte le sue precedenti concezioni del mondo e della natura.

Nel dicembre 1832, una nuova esperienza sconvolse ancora di più le sue idee naturalistiche. Il *Beagle* raggiunse la Terra del Fuoco, dove doveva far sbarcare un missionario e tre fuegini (abitanti della Terra del Fuoco). Questi erano stati portati in Inghilterra tre anni prima per essere educati. Lo scopo dell'esperimento era di riportarli alla loro tribù originaria per civilizzare il resto della popolazione. Anche se questa parte della missione si concluse con un totale fallimento, servì molto alle riflessioni del naturalista. Charles Darwin rimase sconvolto dal suo primo incontro con gli uomini "primitivi". Egli notò il loro stile di vita elementare, il loro comportamento che rasentava la barbarie e la loro lotta per sopravvivere in un ambiente precario. Tuttavia, tre di loro erano stati istruiti, il che dimostrava che non esisteva una superiorità intellettuale tra le "razze" di uomini, come molti pensavano all'epoca. Era quindi l'ambiente a influenzare la condizione umana. Di fronte allo spettacolo delle popolazioni selvagge di tutto il mondo, Charles Darwin osservò che il confine tra uomo e animale era più sottile di quanto i teologi volessero credere. Al contrario, Darwin non vedeva l'uomo come una creazione divina posta al di sopra di tutto, ma come un mammifero tra tanti altri.

Dopo diversi viaggi e soste in Patagonia, il *Beagle* passò lo Stretto di Magellano nel giugno 1834. Il 23 luglio raggiunse Valparaiso, in Cile. Charles Darwin intraprese una prima escursione sulle Ande e, con grande stupore, scoprì conchiglie fossilizzate a 4000 metri di altitudine. Questa esperienza preoccupante gli fece capire che il terreno era stato fortemente sollevato da forze sconosciute. Inoltre, un tale evento doveva essersi verificato in un lungo periodo di tempo, il che metteva in discussione le sue idee sul tempo geologico tratte dalla Bibbia. Il *Beagle* tornò quindi lungo la costa fino a Valdivia (porto del Cile), che raggiunse nel febbraio 1835, prima di tornare a Valparaiso in marzo, dove il naturalista esplorò le Ande per la seconda volta. A Valdivia Charles Darwin affrontò un violento terremoto, che gli fece capire l'incredibile potenza della natura e, in particolare, l'instabilità di un mondo in continuo cambiamento.

LE ISOLE GALAPAGOS E I LORO FRINGUELLI

Dopo aver raggiunto Lima (Perù), la spedizione si diresse verso le isole Galapagos, di cui Charles Darwin era felice. Questa tappa del viaggio fu infatti cruciale per il naturalista nello sviluppo della sua teoria. Il *Beagle* arrivò sull'isola Chatham il 17 settembre 1835 e Darwin iniziò subito la sua esplorazione. Spostandosi da un'isola all'altra, notò che in quell'arcipelago c'erano specie introvabili altrove. Tra le più famose ci sono le tartarughe giganti, di cui ebbe modo di assaggiare la carne, e le iguane, che gettò in acqua più volte per testarne la resistenza all'acqua. Charles Darwin si interessò anche agli uccelli delle isole, in particolare ai fringuelli che, molti anni dopo, sarebbero diventati davvero famosi grazie a lui.

Tra le 26 specie di uccelli terrestri raccolte, i fringuelli sembravano a prima vista abbastanza ordinari. Tuttavia, dopo averli osservati, Darwin distinse non meno di tredici specie di questi piccoli uccelli che si differenziavano per le dimensioni del becco. A volte erano molto sviluppati, come il beccogrosso, a volte molto più sottili, come i parulidi, e tra i due estremi c'era una moltitudine di dimensioni. Charles Darwin si rese conto dell'importanza dell'esempio dei fringuelli solo molto più tardi, mentre sviluppava la sua teoria. Sono infatti una prova tangibile delle variazioni delle specie.

Probabilmente discendenti da un antenato comune del continente americano, questi uccelli sono cambiati nel tempo per adattarsi alla durezza dell'ambiente delle isole Galapagos. Poiché il cibo è limitato, le specie si sono evolute per includere caratteristiche specifiche basate sul cibo disponibile su ogni isola. Alcune sono diventate mangiatrici di semi, mentre altre sono insettivore. Ma anche all'interno della prima categoria esistono delle individualità: infatti, alcuni si nutrono di semi più duri e grandi, che solo un becco più forte potrebbe dividere, mentre altri si nutrono di semi più piccoli e più facili da mangiare, fornendo le necessarie spiegazioni sui numerosi tipi di becco che si possono trovare su questo uccello.

Ancora oggi, i "fringuelli di Darwin" vengono studiati per osservare l'evoluzione della specie. Così, durante i periodi di siccità, quando il cibo è meno abbondante, i biologi osservano un calo della popolazione di fringuelli dal becco piccolo, poiché non sono in grado di rompere i semi più grandi come i fringuelli dal becco grande, che possono nutrirsi di tutto. Questa scoperta dimostra quindi che le specie più adattate sopravvivono rispetto a quelle che lo sono meno. Sebbene Darwin non parlasse di selezione naturale quando scoprì i fringuelli, era comunque convinto della variazione delle specie e della speciazione (formazione di nuove specie).

Con la fine della missione del *Beagle*, il ritorno in Gran Bretagna poté finalmente iniziare. Il 20 ottobre 1835 la nave lasciò le Galapagos e raggiunse successivamente Tahiti, la Nuova Zelanda e l'Australia. In aprile raggiunse le Isole Cocos (isole dell'Oceano Indiano), dove Darwin sviluppò la sua teoria sulla formazione degli atolli. Fu anche affascinato dai coralli, le cui varie ramificazioni ispirarono i suoi alberi evolutivi (dove le specie vanno in più direzioni). Infine, dopo aver attraversato Mauritius, Città del Capo e l'isola di Sant'Elena, la nave arrivò in Gran Bretagna il 2 ottobre 1836. Durante il viaggio, Charles Darwin scrisse 770 pagine di appunti e raccolse 1529 specie conservate in alcol e 3907 specie "secche". Con una base così vasta di materiali, la riflessione del naturalista sulle sue scoperte poteva continuare per anni.

LA SOPRAVVIVENZA DEL PIÙ ADATTO

Al suo ritorno, Charles Darwin si accorse di essere diventato famoso. Infatti, le sue lettere a John Henslow erano state lette negli ambienti scientifici, rendendolo così un noto uomo di scienza. Iniziò subito a catalogare le sue collezioni, affidandole anche a molti esperti, in modo da ottenere il maggior numero di informazioni possibili. Nel febbraio del 1837 arrivarono i primi risultati, in particolare sui fringuelli delle Galapagos: esistevano 13 tipi diversi di fringuelli, ma tutti molto simili tra loro. Nel frattempo, Charles Darwin lavorò ai suoi appunti, che pubblicò nel 1839. Infine, dal luglio 1837 al luglio 1839, scrisse i primi libri sulla sua teoria dell'origine delle specie.

Tuttavia, Darwin rimase cauto, consapevole che le sue idee erano pericolose per l'epoca. Pertanto, pur rimanendo discreto, si circondò di scienziati, allevatori, giardinieri e vivaisti per raccogliere nuove prove. La sua teoria si differenziava ormai chiaramente dal creazionismo, ma anche dal trasformismo di Lamarck. In questo modo ipotizzò che la trasformazione della specie non è controllata come risultato del desiderio di miglioramento di un animale, ma piuttosto come adattamento all'ambiente. Pertanto, non erano le giraffe ad allungare il proprio collo mangiando le foglie situate sugli alberi, ma erano le giraffe con il collo più lungo a poter disporre di più cibo e quindi a sopravvivere. Attraverso l'osservazione e la riflessione, Charles Darwin capì che questa selezione era la chiave di volta della trasformazione delle specie.

Egli osservò quindi che gli allevatori di animali domestici avrebbero potuto individuare differenze minime tra alcuni animali e selezionare artificialmente i più adatti o i più forti a riprodursi, modificando così gradualmente la specie. Anche in natura avviene questa selezione, ma si tratta di selezione naturale. Tuttavia, Darwin non aveva ancora capito come questa selezione avvenisse naturalmente. Qual era la causa? Continuando la sua analisi, e soprattutto la sua lettura, trovò finalmente la risposta in *An Essay on the Principle of Population* di Thomas Malthus (economista britannico, 1766-1834), in cui veniva presentata la lotta umana per la sopravvivenza. Ricordando la feroce battaglia combattuta dalle specie nella foresta pluviale, Charles Darwin capì di aver trovato la ragione della selezione naturale: la lotta per la sopravvivenza. In un ambiente ostile, quando le condizioni di vita dell'ambiente cambiano, solo i più adattati sopravvivono e si riproducono, trasformando gradualmente la specie. Il naturalista aveva ora le basi della sua teoria, ma la preoccupazione per la rivoluzione che questa avrebbe provocato gli impedì costantemente di scrivere e pubblicare il suo libro.

L'ORIGINE DELLE SPECIE PER MEZZO DELLA SELEZIONE NATURALE

Nei venti anni successivi Charles Darwin scrisse costantemente (1839-1859). Dal suo viaggio sul *Beagle* scrisse opere sugli atolli, sulle isole vulcaniche e sulla zoologia. Nel 1842 e nel 1844 scrisse anche due bozze della sua teoria dell'evoluzione, ma continuò a raccogliere instancabilmente prove prima di pensare di pubblicarle. Nel frattempo, dal 1846 al 1852, Darwin si dedicò allo studio dei cirripedi (crostacei) per accrescere ulteriormente la sua reputazione, pur continuando il suo lavoro principale.

A partire dal 1856, Darwin iniziò a scrivere il suo libro e nel marzo 1858 furono completati dieci capitoli, tra cui quello dedicato alla selezione naturale. La sua effettiva pubblicazione fu tuttavia affrettata da un elemento esterno. Un altro naturalista, Alfred Wallace, inviò a Darwin le proprie opere, che si rivelarono molto simili alle sue. Incoraggiato dagli amici, Darwin presentò un campione del suo lavoro il 1° luglio 1858 insieme al saggio di Alfred Wallace, ma dichiarò di aver lavorato alla teoria fin dal 1839. Anche se il saggio fu accolto con la massima indifferenza, il naturalista continuò a scrivere il suo libro. Infine, il 24 novembre 1859 pubblicò l'opera della sua vita: *On the Origin of Species by Means of Natural Selection, or the Preservation of Favoured Races in the Struggle for Life.*

Venne alla luce una teoria dell'evoluzione completamente nuova. Secondo Charles Darwin, le specie non erano immutabili, come implicava il creazionismo, ma erano il risultato di un lento processo di evoluzione da un antenato comune. Egli affermò che questo cambiamento era governato dalla selezione naturale. Per ogni specie possono verificarsi cambiamenti casuali. Questi possono essere positivi o negativi, a seconda delle circostanze (ambiente, clima, cibo, mimetismo, ecc.). A questo punto può intervenire la selezione naturale. Se l'evoluzione è più adatta alle circostanze attuali, questi individui avranno maggiori probabilità di sopravvivere e riprodursi, trasmettendo così i loro tratti specifici alla prole. I meno adatti sono invece destinati a scomparire. Il cambiamento è quindi costante. Non ha una direzione, un obiettivo o uno scopo specifico che tenda a un maggiore progresso, ma è semplicemente il risultato di un migliore adattamento.

IMPATTO

OPPOSIZIONE RELIGIOSA E SCIENTIFICA

La pubblicazione de *L'origine delle specie* ebbe un successo immediato, al punto che la prima tiratura di 1250 copie fu presto esaurita. Entro il 1872 si contarono sei edizioni del libro, con ulteriori informazioni sulle revisioni. Nonostante il successo, l'opera sollevò molte controversie. Resa pubblica fai giornali, in Gran Bretagna iniziò un vero e proprio dibattito pubblico sul libro naturalista tra evoluzionisti e Chiesa anglicana, quest'ultima sostenuta nel mondo scientifico dai fissisti.

L'opera di Charles Darwin suscitò l'ira della Chiesa perché ometteva o negava completamente l'esistenza di Dio. Secondo le concezioni dell'epoca, tutta la creazione era un atto della volontà divina, come insegnato dalla Bibbia. Allo stesso modo, l'immagine di una natura rigogliosa fu completamente minata da Charles Darwin. Al contrario, egli la presentò come feroce, in quanto luogo in cui la selezione naturale favorisce spietatamente i più adatti. Dimostrando scientificamente che non c'era alcun intervento divino alla base dell'origine delle specie e della loro evoluzione, Charles Darwin invalidò la nozione di Dio e quindi la fede stessa. Eppure, all'epoca, la Chiesa si considerava garante dell'ordine sociale. Il principio dell'evoluzione era persino ostile ai fissisti che avevano appena completato la classificazione immutabile delle specie secondo il sistema linneano.

Infine, l'opera di Charles Darwin evitava deliberatamente la questione dell'uomo e delle sue origini. L'autore sperava di evitare problemi, ma il suo silenzio fu subito interpretato, probabilmente a ragione, come una volontà di non fare distinzioni tra l'uomo e le altre specie. L'uomo non è al di sopra della mischia, ma è invece soggetto nei venti anni successivi, così come le altre specie. Questa visione è stata presto ridotta all'idea che l'uomo si sia evoluto dalle scimmie – cosa che Charles Darwin non ha mai affermato nel suo libro.

Gli attacchi da entrambe le parti portarono a un ampio dibattito che si tenne a Oxford il 30 giugno 1860. Darwin, allora sofferente, non partecipò, ma fu rappresentato dal suo amico Thomas Huxley (fisiologo britannico, 1825-1895), mentre il vescovo di Oxford Samuel Wilberforce (1805-1873) parlò a nome della parte religiosa. Il dibattito tra i due uomini fu brutale. Il vescovo non esitò a chiedere al suo avversario se discendesse dalle scimmie attraverso il nonno. Thomas Huxley rispose: "Se poi, come ho detto, mi si pone la domanda se preferisco avere per nonno una misera scimmia o un uomo altamente dotato dalla natura e in possesso di grandi mezzi di influenza e che tuttavia impiega queste facoltà e questa influenza al solo scopo di introdurre il ridicolo in una grave discussione scientifica, affermo senza esitazione la mia preferenza per la scimmia" (Continenza, 2004: 136). Alla fine del dibattito, ognuna delle due parti credette di aver avuto la meglio e così le controversie continuarono per molti anni. Le idee di Charles Darwin si diffusero comunque in tutto il mondo e il progresso scientifico finì per dargli ragione.

Allo stesso modo, la Chiesa finì per respingere ogni contraddizione tra la teoria dell'evoluzione e la fede, ritenendo che l'intervento di Dio sia avvenuto alla nascita dell'universo, al quale ha dato le sue leggi. Tuttavia, altri gruppi religiosi più fanatici continuano ancora oggi a negare la teoria di Charles Darwin, preferendo una interpretazione letterale della Bibbia. Questi gruppi, chiamati creazionisti, si trovano soprattutto negli Stati Uniti e in Australia.

DARWINISMO E NEODARWINISMO

Pur restando lontano dai dibattiti, Charles Darwin continuò comunque il suo lavoro e fornì argomenti a sostegno della sua teoria come meglio poteva. Per questo motivo realizzò molte altre pubblicazioni che sostenevano le sue affermazioni o trattavano argomenti diversi. Consapevole di non poter evitare l'argomento all'infinito, il naturalista affrontò anche la questione dell'uomo in *La discendenza dell'uomo e la selezione in relazione al sesso*, pubblicato nel 1871, seguito da *L'espressione delle emozioni nell'uomo e negli animali* l'anno successivo. In questi due libri, Charles Darwin collocò l'uomo tra i mammiferi che, come altre specie, discendevano da un antenato comune. Anche l'uomo è soggetto all'evoluzione. Tuttavia, il naturalista non vedeva l'uomo come il prodotto della selezione naturale, ma di un altro fattore, ovvero la selezione sessuale che, sebbene meno rigorosa, compariva anche in altre specie. I maschi più belli e più forti avevano maggiori probabilità di riprodursi e di avere una prole.

Sebbene pesantemente criticato, Charles Darwin ebbe anche alcuni difensori, che si trovavano soprattutto nella giovane generazione di naturalisti che vedevano il suo lavoro come rivoluzionario nel campo della scienza. Nacque così il darwinismo, che difendeva la teoria dell'evoluzione. Durante gli ultimi anni di vita di Darwin, e anche successivamente, molti ricercatori continuarono il suo lavoro. La questione dell'uomo era ancora dibattuta e spingeva molti scienziati a cercare l'anello mancante, ipotizzando il legame tra scimmia e uomo. Nel 1856, in Germania, furono ritrovati resti fossili dell'uomo di Neanderthal. I sostenitori della teoria di Darwin si affrettarono a considerarli uno stadio precedente dell'evoluzione umana. Più tardi, nel XX secolo , altri fossili avrebbero mostrato l'evoluzione dell'uomo, dall'*Homo erectus* all'*Homo habilis*.

Nel frattempo, nel 1865, il precursore della genetica, Gregor Mendel (1822-1884), scoprì le leggi dell'ereditarietà e dei geni, che rafforzarono la teoria dell'evoluzione, sebbene Darwin non fosse a conoscenza di queste teorie. All'inizio del XX secolo, i lavori di Mendel furono accostati alla teoria dell'evoluzione, dando origine al neodarwinismo o "sintesi evolutiva moderna". Completata dalla genetica, la teoria di Darwin divenne inevitabile e spiegò perfettamente la trasmissione delle variazioni da un individuo alla sua progenie. La genetica e la scoperta della ricerca sul DNA hanno sconvolto anche la ricerca sull'evoluzione umana. Gli scienziati scoprirono che l'uomo era un cugino della scimmia, non un discendente diretto. La ricerca dell'anello mancante si fermò a favore del più antico antenato comune a uomini e scimmie.

Sebbene Charles Darwin sia morto il 19 aprile 1872, il suo libro rivoluzionario rimane ancora oggi una delle opere più importanti della storia, che ha segnato profondamente le scienze e le concezioni filosofiche della natura e delle specie, compreso l'uomo. "Mentre questo pianeta ha continuato a volteggiare secondo la legge fissa della gravità, da un inizio così semplice si sono evolute e si stanno evolvendo infinite forme, le più belle e le più meravigliose." (Darwin 2008).

- Charles Darwin nacque il 12 febbraio 1809 in Inghilterra. Studente povero, iniziò a studiare per diventare medico e pastore, ma senza alcun interesse reale. Tuttavia, si appassionò alle scienze naturali e raccolse una collezione di piante e insetti.

- Al termine degli studi, il giovane ebbe l'opportunità di partecipare come naturalista alla spedizione del *Beagle* intorno al mondo. Accettando l'offerta, iniziò il viaggio il 27 dicembre 1831. Questo viaggio portò Charles Darwin a diventare un rinomato naturalista.

- Nell'aprile del 1832, scoprì la foresta pluviale e rimase sconvolto dalla ferocia della natura e dalla lotta tra le diverse specie per la sopravvivenza. Questa visione era molto lontana dall'idea di una natura generosa secondo la volontà divina. Tale esperienza cambiò per sempre il pensiero di Darwin.

- Nel dicembre 1832 il *Beagle* raggiunse la Terra del Fuoco. Studiando le tribù della Terra del Fuoco, Darwin vide completamente stravolte le sue idee sull'origine dell'uomo. Non vedeva l'uomo come un essere separato e superiore agli altri animali, ma come un mammifero come tutti gli altri.

- Nel settembre 1835 la spedizione raggiunse poi le isole Galapagos. In questo arcipelago, il giovane naturalista ebbe modo di ammirare prove di speciazione e variazione delle specie attraverso i fringuelli, di cui scoprì non meno di 13 tipi diversi, differenziati dalle dimensioni del becco.

- Tornato in Inghilterra nel 1836, Charles Darwin iniziò subito ad analizzare i suoi appunti e a catalogare la sua collezione, affidando addirittura alcune raccolte a diversi specialisti per raccogliere il maggior numero di informazioni possibili. Continuò a scrivere scrisse libri sulla sua teoria dell'evoluzione fino al 1839.

- Raccogliendo quante più prove possibili, Darwin si circondò di molti specialisti e continuò la sua ricerca. Alla fine gettò le basi della sua teoria definendo la selezione naturale come il fattore scatenante dell'evoluzione e la lotta per la sopravvivenza come la forza motrice. Tuttavia, preoccupato per l'impatto che un tale sconvolgimento avrebbe potuto causare, Charles Darwin impiegò vent'anni per scrivere il suo libro.

- Dopo aver scritto diverse bozze nel 1842 e nel 1844, e aver finalmente iniziato a scriverla nel 1856, ad un certo punto Charles Darwin fu spinto a completare la pubblicazione della sua opera. Un altro naturalista, Alfred Wallace, era giunto al suo stesso risultato e c'era il rischio che pubblicasse per primo la sua teoria.

- Il 24 novembre 1859 fu pubblicata la nuova teoria dell'evoluzione con il titolo *On the Origin of Species by Means of Natural Selection*. Il libro ebbe un tale successo che fu ristampato sei volte fino al 1866.

- Il libro di Charles Darwin suscitò subito polemiche, soprattutto tra i rappresentanti della Chiesa. Il naturalista continuò comunque il suo lavoro e affrontò la questione dell'origine dell'uomo e della sua evoluzione, sconvolgendo per sempre le idee filosofiche del suo tempo.

- Charles Darwin morì il 19 aprile 1872.

PER SAPERNE DI PIÙ

BIBLIOGRAFIA

Bowlby, J. (1992) *Charles Darwin: Una nuova vita*. New York: W.W. Norton & Company.

Brosse, J. (1999) *Les tours du monde des explorateurs. I grandi viaggi marittimi, 17641843*. Parigi: Bordas.

Continenza, B. (2004) *Darwin, l'arbre de vie*. Parigi: Pour la Science.

Darwin, C. (2002) *Autobiografie*. Londra: Penguin.

Darwin, C. (2008) *Sull'origine delle specie*. Oxford : Oxford World's Classics.

Histoire universelle : le XIXe siècle en Europe et en Amérique du Nord (2007) *Création de l'Empire britannique*. Parigi: Hachette.

Histoire universelle : le XIXe siècle en Europe et en Amérique du Nord (2007) *La science romantique*. Parigi: Hachette.

Histoire universelle : le XIXe siècle en Europe et en Amérique du Nord (2007) *Positivisme et science expérimentale*. Parigi: Hachette.

Rice, T. (1999) *Voyages : trois siècles d'explorations naturalistes*. Neuchâtel: Delachaux e Niestlé.

Tort, P. (1997) *Darwin e il darwinismo*. Parigi: Presses Universitaires de France.

FONTI AGGIUNTIVE

Desmond, A. Moore, J.A. (1992) *Darwin*. New York: W.W. Norton & Company.

Ruse, M. (2008) *Charles Darwin*. Oxford: Blackwell.

Ruse, M. (eds.) (2013) *The Cambridge Encyclopedia of Darwin and Evolutionary Thought*. Cambridge: Cambridge University Press.

Ruse, M. e Richards, R.J. (2016) *Debating Darwin*. Chicago: University of Chicago Press.

Strager, H. (2016) *Un modesto genio: la storia della vita di Darwin e di come le sue idee hanno cambiato tutto*. CreateSpace Independent Publishing Platform.

FONTI ICONOGRAFICHE

Pila voltaica, immagine tratta dal libro *Leçons de Physique* di Louise Margat-L'Huillier. Parigi: Vuibert et Nony, 1904. Immagine di riproduzione royalty-free.

Carl Linnaeus, incisione tratta dal libro *Famous Men of Science* di Sarah K. Bolton. New York: T. Y. Crowell & Co., 1889. Immagine di riproduzione royalty-free.

Charles Darwin a 7 anni, di Ellen Sharples, 1816. Immagine di riproduzione royalty-free.

Alfred Russel Wallace, 1908. Immagine di riproduzione royalty-free.

Le HMS Beagle nella Terra del Fuoco di Conrad Martens. Questo dipinto è stato realizzato durante il viaggio del *Beagle* (1831-1836). Immagine di riproduzione royalty-free.

I fringuelli di Darwin, 1845. © John Gould.

FILM E DOCUMENTARI

Darwin e la scienza dell'evoluzione. (2003) [Documentario]. Valérie Winckler. Dir. Francia: Arte France, Trans Europe Film, CNRS Images.

Charles Darwin e l'albero della vita. (2009) [Documentario]. David Attenborough. Scritto. REGNO UNITO: British Broadcasting Corporation, The Open University.

Creazione. (2009) [Film]. Jon Amiel. Dir. UK: Recorded Picture Company.

Il grande viaggio di Charles Darwin. (2009) [Documentario]. Hannes Schuler e Katharina von Flotow. Dir. Francia: Les Films du Paradoxe.

MUSEI E MONUMENTI COMMEMORATIVI

Down House, la casa di Charles Darwin, Down, Kent (Regno Unito).

Monumento a Charles Darwin, Shrewsbury (Regno Unito).

Museo di Storia Naturale, Londra (Regno Unito).

Statua di Charles Darwin al Museo di Storia Naturale di Londra (Regno Unito).

Vogliamo sapere la tua opinione!
Lascia un commento sulla tua biblioteca online
e condividi i tuoi libri preferiti sui social media!

Master ISBN: 9782808064828
ISBN cartaceo: 9782808065115
Deposito legale: D/2022/12603/98

Design digitale: Primento,
il partner digitale degli editori.